SPACE STATION
ACADEMY

太空学院
可怕的木星

[英] **萨利·斯普林特** 著

[英] **马克·罗孚** 绘　**罗乔音** 译

中信出版集团 | 北京

图书在版编目（CIP）数据

可怕的木星 / （英）萨利·斯普林特著；罗乔音译；
（英）马克·罗孚绘 . -- 北京：中信出版社，2025.1.
（太空学院）. -- ISBN 978-7-5217-7219-7

Ⅰ . P185.4-49

中国国家版本馆 CIP 数据核字第 2024ND6501 号

Space Station Academy: Destination Jupiter

First published in Great Britain in 2023 by Wayland

© Hodder and Stoughton Limited, 2023

Editor: Paul Rockett

Design and illustration: Mark Ruffle

Simplified Chinese translation copyright © 2025 by CITIC Press Corporation

ALL RIGHTS RESERVED

可怕的木星
（太空学院）

著　者：[英]萨利·斯普林特
绘　者：[英]马克·罗孚
译　者：罗乔音
出版发行：中信出版集团股份有限公司
　　　　　（北京市朝阳区东三环北路 27 号嘉铭中心　邮编　100020）
承　印　者：北京瑞禾彩色印刷有限公司

开　　本：787mm×1092mm　1/16　　　印　张：24　　　字　　数：960 千字
版　　次：2025 年 1 月第 1 版　　　　　印　　次：2025 年 1 月第 1 次印刷
京权图字：01-2024-3958
书　　号：ISBN 978-7-5217-7219-7
定　　价：148.00 元（全 12 册）

图书策划　巨眼
策划编辑　陈瑜
责任编辑　王琳
营　　销　中信童书营销中心
装帧设计　李然

目录

本书人物

波特博士

莫莫

莎拉

麦克

星

乐迪

目的地：木星

欢迎大家来到神奇的星际学校——太空学院！在这里，我们将带大家一起遨游太空。快登上空间站飞船，和我一起学习太阳系的知识吧！

美丽的木星！我们快到了！怎么这么闷闷不乐的，同学们？

游泳游得胳膊都酸了。

攀岩墙也爬了至少 20 次。

今天，太空学院正接近木星，波特博士非常兴奋。然而，同学们却觉得有些无聊。

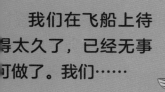
我们在飞船上待得太久了，已经无事可做了。我们……

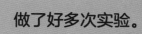
做了好多次实验。

把素描本画满了。

学了新曲子。

所有东西都测量完了。

游戏也都玩了个遍！

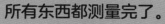

很不错，你们一直在给自己找事做！别急，今天的木星大冒险就要开始了。

你们已经很有耐心了。木星离地球差不多有 6.3 亿千米，我们花了很久的时间才到达这里。

木星在各方面都很神奇！它超级大，可以装下太阳系所有其他行星。

它还是太阳系自转最快的行星。木星的一天只有 9 小时 50 分。

从地球上看，木星是天空中最亮的天体之一，不用望远镜也能看到它。

嗯，感觉很有趣。

木星上的一年，也就是木星绕太阳公转一周的时间，相当于地球上的近 12 年。

太阳系*

太阳　金星　水星　地球　火星　木星　土星　天王星　海王星　矮行星

木星是距太阳第五近的行星，也是太阳系体积最大的行星。它的直径 142 612 千米，约为地球的 11 倍。

* 未按比例绘制。

啊。

它为什么这么大？

木星是太阳系最早形成的行星之一。

它的核心是岩石，但它能变得这么大，是因为聚集了大量的尘埃和气体。

1

那时，木星还没有固定的轨道。它向内盘旋着靠近太阳，收集岩石和气体，在前进中不断成长。

木星一直移动到年轻的火星附近，收集了不少物质，否则，四颗内行星原本可能变得更大。

2

太阳

火星

木星

然后，木星开始向外移动，并在太阳系靠外的地区稳定下来。

木星穿过小行星带时，导致一些冰冷的彗星撞向地球。彗星落在地球上，给早期地球带来了大量水。

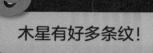

木星有好多条纹！

这些条纹是由其大气中的气体形成的。较亮的区域是气体上升的地方，而较暗的是气体下沉的地方。

我们快到了吗？

它还有斑点呢！

那些斑点、旋涡都是巨大的风暴。最大的斑点是大红斑，它已经存在了超过 350 年，体积比地球还大！

木星的引力很强，足以捕获经过的彗星、小行星，将它们吸入自己旋转的大气层，然后粉碎它们。

木星的云层之下没有固体的表面，只有一层层的被压缩成液态的气体，以及一个固体内核。

难道说，我们没法登陆木星了？无聊！木星大冒险什么时候开始？

木星的大气层由氢和氦构成，构成太阳的也是这两种元素。如果木星再大一些，质量变成现在的 75 倍的话，它可能就变成恒星了。

气体在不断运动，冷却的气体下降，受热的气体上升。当它们相遇，就形成了巨大的风暴。木星上总是风云变幻！

这个还挺有趣的！

那个彗星去哪儿了，波特博士？

它消失在大红斑里了！

快回太空飞机里！

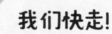

我们快走！

就像掉进了下水道一样！

波特博士，为什么大红斑是红色的？

科学家也没弄清楚它为什么是红色的。红色可能来自大气中上升的化学物质，也可能是闪电将分子劈开导致的。

从形成到现在，大红斑的颜色从深红色变成了淡粉色，形状也从长长的椭圆形变成我们今天看到的圆形。

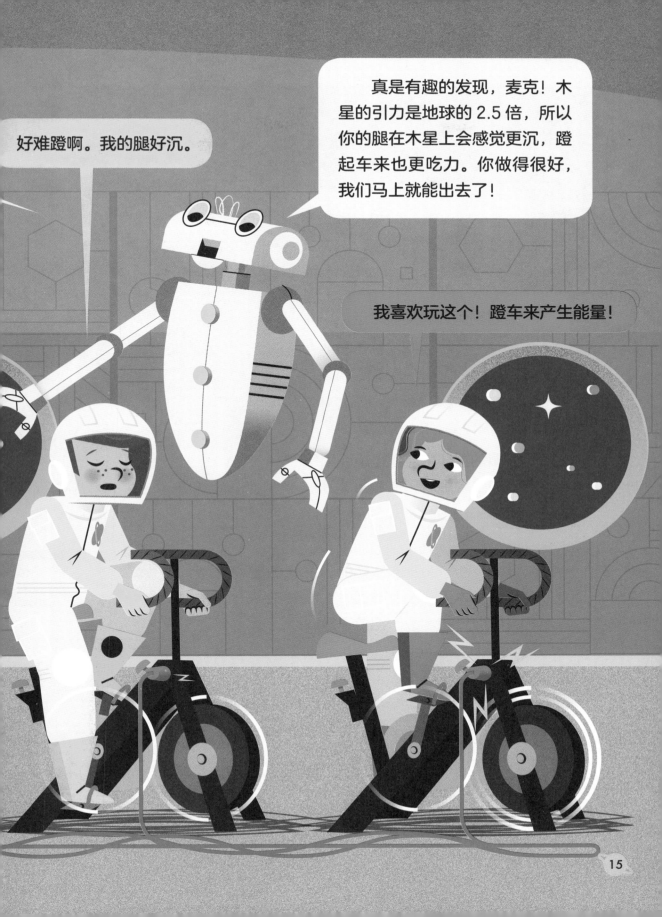

太空飞机安全离开了木星。

看，伟大的自行车手们，木星有星环！

能看到星环确实很幸运。只有太阳运行到木星后面，照亮暗淡的星环时，我们才能看见它们。

木星的星环由流星体撞入大气层产生的尘埃组成，共有四部分。

有一些木星的小卫星在星环内运行。木卫十五和木卫十六位于主环，而木卫五和木卫十四位于薄纱环。

这确实是很独特的风景，波特博士。不过，我们不能降落在木星上，还是让我很难过。

别担心，木星有 95 颗卫星，其中最大的一颗正好适合探险。我们去找点儿乐子吧！

← —— 内晕

← —— 主环

← —— 薄纱环

所以莫莫才带了那么多装备。我们要去做什么？

直径：约 5 260 千米

欢迎来到木卫三！这颗卫星体积比水星还大。

它非常古老，上面有巨大的陨石坑。坑里很适合玩滑板！

木卫三的大气中有少量氧气，但不要摘下头盔哟！

在冰面下，可能存在一片巨大的海洋。

我喜欢在陨石坑里尽情游玩！

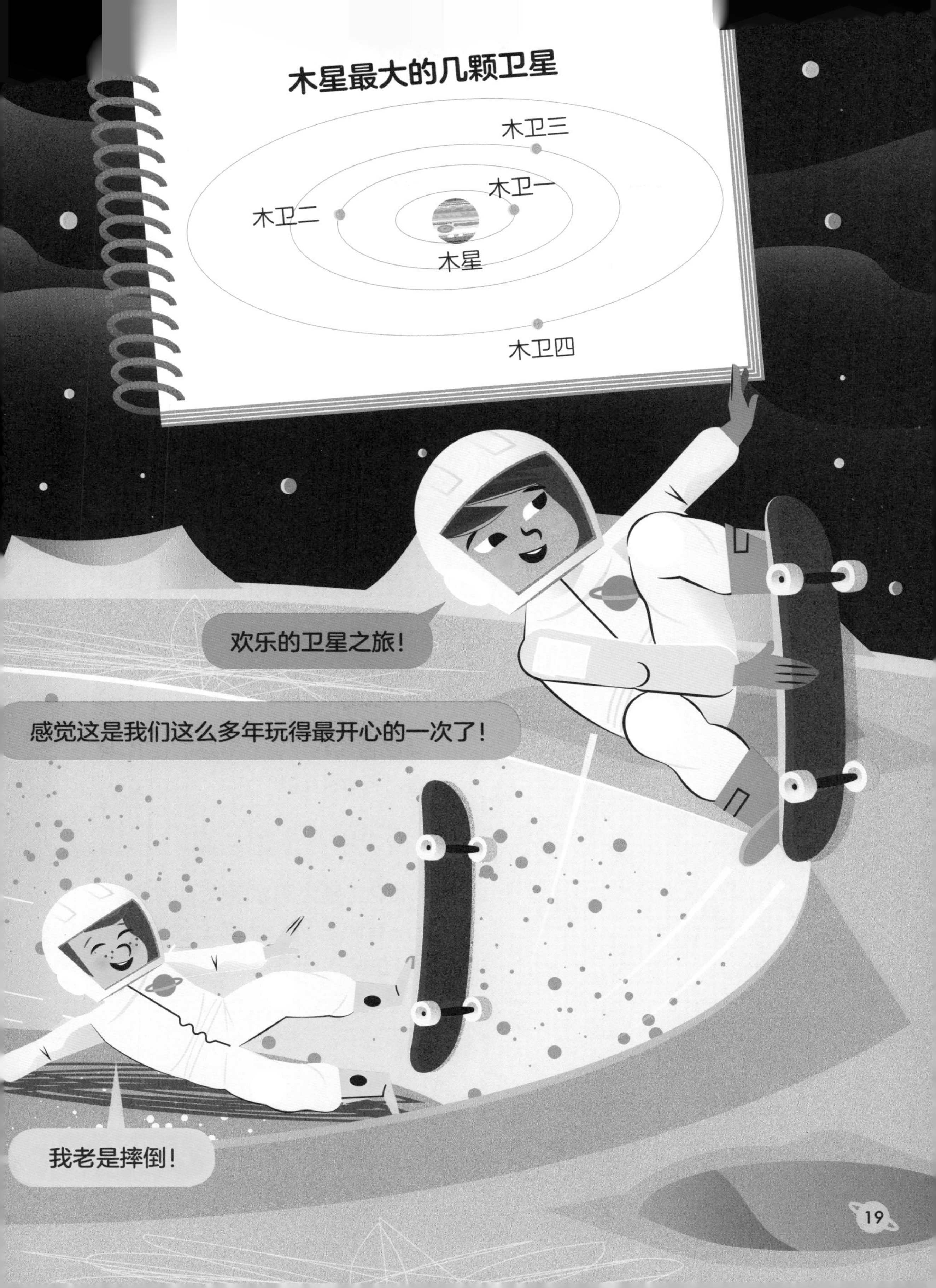
木星最大的几颗卫星
木卫三
木卫一
木卫二
木星
木卫四
欢乐的卫星之旅！
感觉这是我们这么多年玩得最开心的一次了！
我老是摔倒！

直径：3 121.6 千米

木卫二！太阳系中最迷人的卫星之一。

它的表面是岩石，岩体上还覆盖着大约 25 千米厚的冰，很适合冬季运动！

木卫二是太阳系最光滑的卫星，几乎没有陨石坑。冰面上纹路纵横交错，正好适合滑冰、滑雪。

木卫二与地球相似，表面有冰冻的水，大气中有氧气。不过，这里要冷得多！

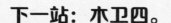

下一站：木卫四。

直径：4 820.6 千米

欢迎来到木卫四！它是太阳系中陨石坑最多的天体，所以可以看出，它是最古老的卫星之一，非常适合打"疯狂高尔夫"！

可以从地球上看到木卫四，因为它布满了冰，能反射阳光。

木卫四的大气中也有氧气，就像木卫三和木卫二一样。木卫四的冰下可能还有海洋。这三颗卫星的海洋中都可能有原始生命。

最后一站：木卫一。

直径：3 643.2 千米

莫莫！你来这儿干什么？

很高兴见到大家！我想探索一下周围的火山，顺便看着你们，别出什么危险。

莫莫，你又没有腿！但是，你提到了一点——木卫一是太阳系中火山最多的地方之一。

木卫二和木星的引力拉扯、挤压它的表面，使它变得炎热，且形成了众多火山。

有时火山喷发非常剧烈，甚至在地球上用性能强大的天文望远镜也能看到！

太空学院的课外活动

太空学院的同学们参观了木星之后，产生了很多新奇的想法，想要探索更多事物。你愿意加入他们吗？

波特博士的实验

做一个属于你的大红斑吧！不过，要等大人同意后才可以开始。

材料

· 两个一样的大塑料瓶
· 比瓶口大的金属垫圈
· 胶带（最好是厚的、宽的）
· 水
· 红色食用色素

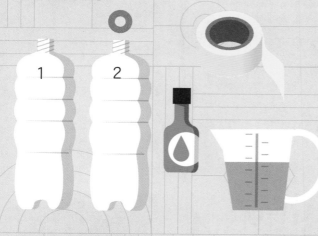

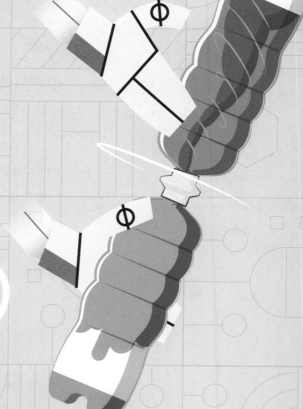

方法

· 将其中一个瓶子加入半瓶水（瓶1）。
· 加几滴食用色素。
· 把瓶口擦干。
· 把垫圈放在瓶子顶部。
· 将另一个瓶子（瓶2）倒置，放在瓶1和垫圈的顶部。
· 用胶带把两个瓶子牢牢粘在一起。

观察与思考

把瓶子翻过来，稍微旋转一下。1号瓶中的水会进入2号瓶，形成龙卷风的效果。

更多可能

试试减少瓶里的水，或者在水中加入油。如果不旋转会怎样？会有同样的效果吗？

天迪了解的木星小知识

从地球上，可以看到夜空中的木星。从你所在的位置看天空，木星在哪里？看看你能不能发现它！

麦克了解的木星小知识

大红斑每 6 天旋转一周，而且是逆时针旋转的。

星的木星数学题

请看这些行星和它们倾斜的轴线。哪个倾斜度最大？哪个最小？你能把它们按倾斜度排列吗？

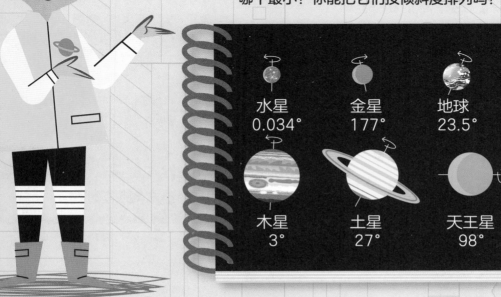

水星	金星	地球	火星
0.034°	177°	23.5°	25°

木星	土星	天王星	海王星
3°	27°	98°	28°

莎拉的木星图片展览

这张图上可以看到木星北极上空的极光。它是太阳射出的带电粒子撞击大气层时形成的。

这是木卫一，正在木星前方运行。

莫莫的调研项目

了解木星的探测任务。他们发现了什么？未来还有什么计划吗？

绕木星运行的"朱诺"太空探测器

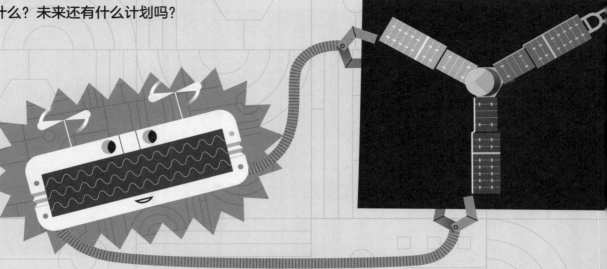

木星上的风暴在这张图中清晰可见，有大红斑、云构成的旋涡、白色与灰色的风暴点。

这是我们参观过的卫星。从左上开始，顺时针看，它们是：木卫三、木卫二、木卫一和木卫四。现实中它们并没有这么近！

数学题答案

金星、天王星、海王星、土星、火星、地球、木星、水星。

词语表

大气层： 环绕行星或卫星的一层气体。

轨道： 本书中指天体运行的轨道，即绕恒星或行星旋转的轨迹。

核心： 某物的中心，比如行星的中心。

彗星： 当靠近太阳时能够较长时间大量挥发气体和尘埃的一种小天体。

太阳系： 由太阳以及一系列绕太阳转的天体构成。

卫星： 围绕行星运转的天然天体。

小行星带： 在火星与木星的轨道之间的小行星集中区域，形状如环带。

引力： 将一个物体拉向另一个物体的力。

陨石坑： 天体（比如月球）表面由小天体撞击而产生的巨大的、碗状的坑。

直径： 通过圆心或球心且两端都在圆周或球面上的线段。